動画でも学べる！
子供の科学
サイエンスブックス
NEXT

探そう！
宇宙生命体

地球以外にも生き物はいる!?

著
井上榛香

監修
自然科学研究機構
アストロバイオロジーセンター特任専門員
日下部展彦

誠文堂新光社

はじめに

　「宇宙生命体」という言葉を聞いて、どんなものを連想しますか？ 手足の長いタコみたいなものでしょうか。それとも少し小柄で目の大きい全身銀色で人型の生き物でしょうか。もしかしたら全身黄色で大きめのネズミみたいな姿で、ほっぺから電気を出すような生き物でしょうか？？ いずれにせよ、私たちの想像力を刺激してくれる気になる言葉ですね。
　「地球以外に生き物はいるのかな？」
　この疑問は子供たちだけのものではなく、お父さんやお母さんにお祖父さんやお祖母さん、さらにはもっともっと昔の人も不思議に思っていた疑問です。その疑問を学校の先生や周りの大人に聞いても、なんとなくはぐらかしたり、冗談のように答えたり、はっきりとした答えを教えてくれないかもしれません。それもそのはずです。なぜなら、まだその答えがないからです。実際の研究者でも、きちんと答えようとするほど、「いるかもしれないし、いないかもしれない」という答えになってしまいます。科学が発展し、遠くの星のことがわかるようになり、どのよ

うにこの宇宙が始まったのかもある程度説明できるようになった時代に、なぜ地球以外に生命がいるのかいないのか、まだわからないのでしょうか？

この本では、昔の偉い人が挑み続けてもなぜわからなかったのか、その理由がわかると思います。また同時に、その謎の答えに着実に近づいていることがわかる内容になっています。世界初の宇宙生命の発見のためには、天文学者だけでなく、さまざまな分野の人の協力が必要です。そのため、それぞれの研究者が協力してできたのが「アストロバイオロジー」という新しい研究分野です。もしかすると、この本を読んだ人が、将来初めての宇宙生命の発見につながる大事な研究をすることになるかもしれませんね。

自然科学研究機構
アストロバイオロジーセンター特任専門員
日下部展彦

もくじ

はじめに……………………………………………………………… 2
どうして宇宙生命体は見つからないの?………………………… 6

ミッション1

宇宙生命体をみんな探している………………………………… 7
生命だってどうやって決まるの?………………………………… 8
カギは「バイオシグニチャー」……………………………………10
宇宙生命体を探査するステップ…………………………………12
宇宙生命体を探す学問がある! アストロバイオロジー………14
宇宙生命体いるかもMAP…………………………………………16
宇宙生命体探査ヒストリー…………………………………………19
コラム　これまでの宇宙人像………………………………………22
コラム　宇宙人はいるかを求める式がある!?……………………24

ミッション2

探査機で調査だ! 太陽系内………………………………………25
地球の生命はどうやって生まれたの?……………………………26
太陽系内での探査……………………………………………………30
火星探査………………………………………………………………34
木星系探査……………………………………………………………38
土星系探査……………………………………………………………40
月探査…………………………………………………………………42
コラム　惑星だけじゃない　深海・陸・宇宙での生命の起源探し…………44

ミッション3

第2の地球を探せ！ 系外惑星……………………………………45
まずは地球に似ている星を探そう……………………………46
ホット！ いま注目な系外惑星たち……………………………48
系外惑星の探し方………………………………………………52
コラム　重力のいたずらが系外惑星探しのヒントに………57
望遠鏡のしくみ…………………………………………………58
世界の望遠鏡MAP………………………………………………60
分光器のしくみ…………………………………………………62
コラム　アストロバイオロジーセンターにお邪魔しました………63

ミッション4

宇宙生命体を探そう……………………………………………65
2050年代に宇宙生命体が見つかる？…………………………66
見つけやすい宇宙生命体は、植物……………………………68
宇宙生命体を見つけたらコミュニケーションを取る？……72
惑星を保護する…………………………………………………74
コラム　惑星保護研究の最前線………………………………75
コラム　宇宙生命体に関連するお仕事………………………76

おわりに…………………………………………………………78

動画も見てみよう！

子供の科学のWebサイト「コカネット」内にある、
「サイエンスブックスNEXT特設サイト」で視聴できます。
https://www.kodomonokagaku.com/sbn/

カバー・表紙／©NASA, ESA, STScI, Julianne Dalcanton (Center for Computational Astrophysics, Flatiron Inst. / UWashington); Image processing: Joseph DePasquale (STScI)

どうして宇宙生命体は見つからないの？

その謎に挑むいくつかの説

広い宇宙で、生命を宿した星は地球だけなのでしょうか。古くから人々は、宇宙のどこかにいるかもしれない生命の存在に思いをはせてきました。

とある学者の大きなギモン

物理学者のエンリコ・フェルミは1950年ごろ、昼食をとっていたときに「みんなどこにいるのだろう？」と仲間へ問いかけました。「みんな」とは宇宙生命体のことです。宇宙が始まってからの年月や星の数を考えれば、宇宙生命体はもうとっくに地球を訪れていてもおかしくないはず。それなのに、なぜ宇宙生命体はまだ見つからないのでしょうか。この矛盾を「フェルミのパラドックス」といいます。この問いは昼食の場にとどまらず、多くの研究者たちがさまざまな仮説を立てました。

有力な答えは……？

仮説はおもに3つのグループに分けられます。1つ目は、宇宙生命体はすでに地球にきているけれど、隠れていたり、地球生命体になりすましていたりするという説です。2つ目は、宇宙生命体は存在しているものの、まだ地球を訪れていないという説です。遠く離れた星にいて地球までやってくるための技術がない、あるいは宇宙生命体は地球に興味がないのかもしれません。多くの研究者は、この説が有力だと考えているようです。そして3つ目は、地球だけが特別で、宇宙生命体はいないという説です。みなさんは宇宙生命体が見つからないのはどうしてだと思いますか？

©NASA, ESA, STScI, Julianne Dalcanton (Center for Computational Astrophysics, Flatiron Inst. / UWashington); Image processing: Joseph DePasquale (STScI)

ミッション1

宇宙生命体をみんな探している

宇宙には生命のいる星が、地球以外にもあるのでしょうか。その答えを見つけるために、人々は探査機を打ち上げたり、宇宙からやってくる電波をキャッチしようとしてみたり、いろいろな取り組みを行ってきました。

生命だってどうやっ
そもそも生命ってなんだ

生命を定義してみる

　地球の外で生まれた生命のことを「宇宙生命体」と呼んでいます。では、生命とはどのようなものなのでしょうか。明確な決まりはありませんが、研究者の間ではこれから紹介する4つの項目が当てはまっていれば生命だととらえる見方が広がっています。

1　皮ふや細胞をつつむ膜など外側との境目を持っていること
2　エネルギーや物質を取り込んで、生体内で化学反応を起こすこと
3　遺伝子を引き継いで、種として子孫を残せる能力を持っていること
4　環境に適応しながら進化していくこと

　つまり、私たち大間、動物、虫、植物はもちろん、目には見えないほど小さな微生物や、たった1つの細胞でできている細菌も生命だといえます。一方ロボットは、たとえどんなに人間と見た目が似ていたとしても、遺伝子を引き継いで子孫を生み出すことができないので、生命とはいえそうにありません。

　また、風邪を引き起こすウイルスは細胞を持っておらず、他の生物の細胞に入り込まなければ増殖できないため、生命ではないという意見もあります。

て決まるの？

地球外知的生命体とは？

　宇宙生命体の中でも、物ごとを考えることができる知性を持つ生命は「地球外知的生命体」と呼ばれています。詳しくは72ページで紹介しますが、地球外知的生命体との交信に挑戦する実験も行われています。

カギは「バイオシグニチャー」
宇宙で生きている合図を探そう

生命のいる証拠がバイオシグニチャー

　遠く離れた星にいるかもしれない宇宙生命体を、むやみやたらに探し続けるわけにはいきません。そこで、研究者たちは、その星に生命がいるといえる証拠「バイオシグニチャー」をまずは探すことにしました。
　例えば、生命が生まれるときに必ず必要になると考えられている液体の水は、バイオシグニチャーの1つです。太陽のように燃えている星が近くにあると、暑すぎて水は蒸発して気体になってしまいます。逆に、離れると寒すぎて水は凍ってしまいます。そういうわけで、燃えている星からほどよい距離にある星をターゲットにして、バイオシグニチャーを探し、生命がいる可能性があるかどうかを総合的に判断するのです。

バイオシグニチャーの候補

　有力なバイオシグニチャーだとされているのは、液体の水以外にもあります。酸素やオゾン、メタン、リン、植物が光合成を使わずに反射する光などです。

1　宇宙生命体をみんな探している

バイオシグニチャー探しの最前線

地球のとなりにある火星は、今では荒れた大地が広がっていますが、数十億年前は水が豊富にあったと考えられています。そこで、たくさんの探査機を送り込み、調べてみると氷が見つかりました。今後の探査でバイオシグニチャーが見つかるのではないかと期待されています。

探査機が向かうことができないほど遠く離れた星も、高い視力を持つ大型の望遠鏡でなら星に水や酸素があるかどうかを確認できると考えられています。ただ、望遠鏡を使ったバイオシグニチャー探しはまだ始まったばかり。どんなものがバイオシグニチャーとすべきかも含めて研究が行われています。

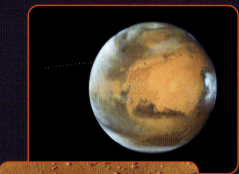

火星と火星で見つかった氷(P34)
©NASA, ESA, and Z. Levay (STScI)
©NASA/JPL-Caltech/University of Arizona/Texas A&M University

偽バイオシグニチャーにご注意を！

金星からホスフィンが検出されたときのイメージ図
©ESO/M. Kornmesser/L. Calçada & NASA/JPL/Caltech

金星は地球よりも太陽に近く、温度が高いので生命が生きるのは難しいと考えられていました。しかし、金星の大気から「ホスフィン」と呼ばれる物質が見つかり、金星にも生命がいるのではないかと注目されるようになりました。ホスフィンは水素と私たちの身体にも含まれているリンからできている物質で、微生物が生み出すことが知られています。

ところが、金星の大気をより詳しく調べてみると、金星のホスフィンは火山活動によって生まれたという説も出てきました。生命が発した物質と、その惑星にもともとあったものが反応してできた物質を見分けるためには、深い知識が必要です。

1　宇宙生命体をみんな探している

宇宙生命体を探査

太陽系内、太陽系外 それぞれの探査のしかた

太陽系内

ステップ1　探査機で現地調査

地球から比較的近い金星、火星、木星と土星の衛星には、アメリカのアメリカ航空宇宙局（NASA）や日本の宇宙航空研究開発機構（JAXA）、ヨーロッパ宇宙機関（ESA）をはじめ、世界の宇宙機関が探査機や探査車を送って調査を行っています。特に、木星と土星を回る氷でできた衛星の中には、地下に海がある星が見つかり、生命がいるのではないかと注目されています。

エウロパの周りを回るエウロパ・クリッパーとエウロパの海の中のイメージ（P39）
©NASA

ステップ2　星の砂を持ち帰って調べよう

月よりも遠くにある星に宇宙飛行士が行って探査をするのは、まだ先のことになりそうですが、火星とその衛星に探査機を送り、拾って集めた砂を地球に持ち帰ってこようとする「サンプルリターン」に挑戦する計画が進んでいます。成功すれば火星とその衛星の砂を人の手で直接分析することができるので、より多くの手がかりを掴めるでしょう。

火星の砂を収集するためにパーサヴィアランスが火星の地面に置いたサンプルチューブ

火星を探査するパーサヴィアランス（P37）

©NASA/JPL-Caltech/MSSS

するステップ

宇宙生命体は現在、どのように探査されているのでしょうか。太陽の周りを回る天体「太陽系内」と、太陽系の外にある太陽以外の恒星を公転する惑星「太陽系外（系外惑星）」では、探査の方法が異なります。

太陽系外（系外惑星）

ステップ1　ハビタブル惑星はどこだ？

太陽系外の星での生命探しは、地球と同じように液体の水があり、岩石でできていることなど、生命が生きられる条件がそろっている「ハビタブル惑星」を探すことから始まります。望遠鏡の活躍もあり、これまでに5700個以上（2024年現在）の惑星が発見されました。このうちのいくつかは、ハビタブル惑星である可能性があると見られ、今後のさらなる観測の実施が期待されています。

赤色矮星「トラピスト1」とその惑星系のイメージ（P50）
©NASA/JPL-Caltech

ステップ2　バイオシグニチャーを探そう

ハビタブル惑星が見つかると、次はいよいよバイオシグニチャー探しです。望遠鏡でハビタブル惑星を観測して、大気に含まれている物質を調べたり、その星に水があるかどうかを確かめたりする取り組みが始まっています。

新型の望遠鏡や新しい装置の活躍により、早ければ2030年代、遅くとも2040年代にはバイオシグニチャーが見つかるだろうと予測されています。

プラス　バイオシグニチャーの探し方を研究中

もしかすると宇宙生命体は、地球の生命とはまったく違う性質を持っているかもしれません。そんな宇宙生命体はどんなシグナルを発しているのでしょう。それを私たちはどうやってキャッチすればよいのでしょうか。研究者たちは、どんなバイオシグニチャーなら望遠鏡でも見つけられるかを、日々考えています。

宇宙生命体を探す学問がある！アストロバイオロジー

「生命の起源・進化・分布・未来」を知るために

「太陽系以外にも地球のように生命がいる星があるかもしれない」。

研究者たちの想像力をかき立てたのは、NASAの探査機「ボイジャー1号」が1990年に約60億km離れた地点から撮影した地球の写真でした。

この写真は「ペイル・ブルー・ドット」と呼ばれ、地球と宇宙の生命の進化を議論する学問「アストロバイオロジー」において、非常に象徴的なものとなります。

プラス ペイル・ブルー・ドット

右の写真は、ボイジャー1号がミッションを終えて太陽系を離れるときに、カメラの電源が止まる34分前に撮られたものです。地球はたった1個のピクセルに収まってしまい、小さなシミにしか見えませんが、この星に何十億人もの人類が住んでいます。この1枚は、太陽系から遠く離れた惑星を撮影する未来の可能性を感じさせ、それらの惑星に生命が存在するかどうかを探る、科学者たちの期待を高めるきっかけにもなりました。

ペイル・ブルー・ドット
©NASA/JPL-Caltech

すべての分野の知識を結集して、宇宙生命体を研究している

ケプラー宇宙望遠鏡が見つけた系外惑星たち
©NASA/W.Stenzel.

「アストロバイオロジー」とは、アストロノミー（天文学）とバイオロジー（生物学）を組み合わせた造語です。地球外の生命について考えること自体は、ギリシャ時代から行われていたといわれていますが、科学的な議論が交わされるようになったのは、1930年ごろでした。その後、1970年代のバイキング計画や1995年の太陽系外惑星の発見により、アストロバイオロジーが広がっていきます。

アストロバイオロジーにおいて重要なのは、生命はどこから来たのか、どのように進化するのか、どこにいるのか、今後はどうなっていくのか。この4つのいずれかに当てはまっていれば、アストロバイオロジーの研究だといえるでしょう。さまざまな学問領域の研究者たちが分野を横断して、「おもしろい」と思う研究をしています。

日本にもアストロバイオロジーの研究機関がある！

東京・三鷹の国立天文台には、アストロバイオロジーに特化した研究機関「自然科学研究機構アストロバイオロジーセンター」があります。ここに今回の本の監修者・日下部さんも所属しています。どんな場所で研究しているのかは、詳しく63ページで紹介しています。

15

宇宙生命体いるかも

本の中では、宇宙生命体がいる可能性のあるたくさんの星や、宇宙生命体を探すために活躍している探査機、望遠鏡が登場します。このMAPを見ると、それぞれがどんな位置関係にあるかがすぐにわかります。

トラピスト1星系 →P50

地球にそっくりな系外惑星

地球に似た生命がいる？ それとも…？

7つの惑星

b c d e f g h

暗い太陽の周りの惑星に生命がいるかも？

数百光年より遠く

グリーゼ12b →P49

過去に水があった金星に似ている？

αケンタウリ星系（3重連星）

生命のいる可能性の高いハビタブルゾーンにある!?

StarShot計画

プロキシマ・ケンタウリ

太陽系外（数十光年）

プロキシマ・ケンタウリb →P48

MAP

金属板 →P72

パイオニア10号・11号 →P72

ゴールデンレコード →P72

ボイジャー1号・2号 →P72

海の中に生命がいるかも？

エウロパ・クリッパー →P39

エウロパ →P38

エウロパの内部に海？

太陽系内

木星 →P38

ストリー

宇宙生命体を探す学問「アストロバイオロジー」。その歴史を学んでいくのに外せない出来事をまとめて見てみましょう。

1969年
アポロ11号による人類初の有人月面着陸が成功した

アポロ11号のミッション中に月面に降り立った宇宙飛行士
©NASA

1970年
NASAがエクソバイオロジー（圏外生命学）のプログラムを立ち上げた

1976年
バイキング計画による火星探査

火星の表面にいるバイキング2号
©NASA/JPL-Caltech

NASAは1976年に探査機バイキング1号と2号を火星に送り、宇宙における生命の探査に世界で初めて挑戦しました。バイキング号はかつて水があったと考えられている平原に着陸して、火星の表面の写真を撮ったり、微生物がいるか調べる実験を行ったりしました。結果的に生命が存在している証拠は発見できませんでしたが、人々のアストロバイオロジーへの関心を高めました。

1976年
海底から熱水が噴き出す穴「熱水噴出孔」の周りに生物がいるのが見つかり、熱水噴出孔が生命の起源だという仮説が登場した

熱水噴出孔 ©NOAA

宇宙生命体探査ヒ

1953年
DNAの二重らせん構造が発見された

1957年
世界初の人工衛星スプートニク1号が打ち上げられた

人工衛星スプートニク1号
©NSSDC, NASA

1953年
ユーリとミラーのアミノ酸合成実験

誕生したばかりの地球の大気を再現してメタンとアンモニア、水素、水などを入れたフラスコに、雷に近い6万ボルトの電力を送るとアミノ酸をつくり出せることが発見されました。生命の起源となった物質の1つだと考えられているアミノ酸を、生物でないものから生成できることを示したのは世界で初めてでした。
　この実験は、実験を行ったハロルド・ユーリ教授と当時は大学院生だったスタンリー・ミラーの名前を取って「ユーリ・ミラー実験」と呼ばれています。

1960年
地球外知的生命を探すオズマ計画

　天文学者のフランク・ドレイクは、宇宙にいる高度な知的生命体の存在を確かめるために、地球外からやってくる人工の電波を電波望遠鏡で受信しようとするオズマ計画を1960年にはじめました。最初のターゲットとなった星は「くじら座タウ星」と「エリダヌス座イプシロン星」でした。
　残念ながら、地球外知的生命体からの電波はまだ受信できていませんが、こうした地球外知的生命体を探すプロジェクトは「SETI」と呼ばれ、現在も世界中で続けられています。

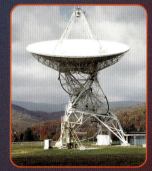

オズマ計画で使われた望遠鏡
©NRAO/AUI/NSF

1977年

地球の文明を地球外生命体に伝える「ゴールデンレコード」を収めた探査機ボイジャー1、2号が打ち上げられた

ゴールデンレコード
©NASA/JPL

1995年

初の太陽系外惑星の発見

ペガスス座51番星b
©ESO/M. Kornmesser/Nick Risinger (skysurvey.org)

1995年に太陽系の外にある恒星を周回する惑星「ペガスス座51番星b」が発見されました。それ以前にも太陽系外に惑星はあると考えられていましたが、実際に系外惑星があるという科学的な証拠を摑んだのは世界で初めてのことでした。発見した天文学者のミッシェル・マイヨールとディディエ・ケローはノーベル物理学賞を受賞しました。

1998年

NASAが
アストロバイオロジーの
プログラムを立ち上げた

2009年〜

系外惑星を探す宇宙望遠鏡の打ち上げ

ケプラー宇宙望遠鏡
©NASA, ESA, CSA, and STScI

TESS
©NASA's Goddard Space Flight Center

NASAは地球に似た系外惑星をより多く発見するために、2009年にケプラー宇宙望遠鏡、2018年には宇宙望遠鏡TESSを打ち上げました。TESSは2025年現在も観測を続けています。これらの望遠鏡の観測データやさまざまな観測手法を用いて、5700個以上(2024年現在)の系外惑星が発見されています。

2021年

ジェイムズ・ウェッブ
宇宙望遠鏡が
打ち上げられた

コラム
これまでの宇宙人像

宇宙人ってどんな姿？

　宇宙人がいるとしたら、どんな姿をしているのでしょうか。アンケート調査※によると、人間に似た「ヒト型」、灰色の肌と大きなつり目が特徴的な「グレイ型」、うねうねとかたちを変えながら生きる「アメーバ型」、大きな頭と細長い手足を持つ「クラゲ型」や「タコ型」といった姿だと予想する人が多いようです。

　ヒト型宇宙人は目撃情報が元になっているといわれていますが、彼らが本当に宇宙人だったのかどうかはわかりません。一方、タコ型宇宙人は、1898年にイギリスのSF作家H・G・ウェルズが発表した『宇宙戦争』に登場する火星人がモデルになっています。

　『宇宙戦争』は火星人がイギリスにやってきて、侵略しようとする物語です。地球侵略を企てられるほど高い知能を持っているので、頭は発達して大きくなっています。しかし、火星の重力は地球よりも小さいので手足が細くても身体を

支えられるようになっています。このように、当時の科学的な知見をもとに想像されているので、よりリアルに近づいたといえるかもしれません。
宇宙生命体の具体的な姿を想像する研究はなされていませんが、研究が進んでいくうちに映画やテレビに登場する宇宙人の姿も少しずつ変わっていくでしょう。

※ スカパーJSAT「宇宙に関する意識調査2023」

小説『宇宙戦争』のフランス版の挿絵。空から落ちてきた火星人

宇宙人はいるかを求める式がある!?

地球外知的生命から届く電波を望遠鏡でキャッチしようとした「オズマ計画」という計画があります。その計画を率いた天文学者フランク・ドレイクは、私たち人類と交信できる可能性がある地球外の文明がいくつあるかを求める方程式を考えました。この方程式を「ドレイクの方程式」といいます。

$$N = R_* \times f_p \times n_e \times f_l \times f_i \times f_c \times L$$

- N 人類と交信できる可能性がある地球外の文明の数
- R_* 私たちの銀河で1年間に生まれる恒星の数
- f_p 恒星が惑星を持つ割合
- n_e 惑星系のなかで、生命の誕生に適した環境を持つ惑星の数
- f_l 生命の誕生に適した環境を持つ惑星のうち、実際に生命が誕生する割合
- f_i 誕生した生命が知性を獲得する割合
- f_c 知的生命体が電波を使う文明を持つ割合
- L 星の一生のうち、知的生命体が電波を使った通信を行う期間の長さ

この7つの値は、研究者の考えによってそれぞれ異なります。ですから、掛け合わせて出てくる私たち人間と交信できる可能性がある地球外の星の数は、10億だという人もいれば、100だと答える人もいるでしょう。

この方程式は、アストロバイオロジーの研究があまり進んでいなかった1961年に発表されたものなので、近年は最新の研究内容を反映させて、アップデートさせようとする動きもあります。例えば、2024年には「誕生した生命が知性を獲得する割合」をより細分化して、惑星が大きな大陸と海洋を持っている割合と地表を覆っているプレートの運動が、5億年以上続く割合を掛けた値に修正する案が出されました。

ミッション 2
探査機で調査だ！太陽系内

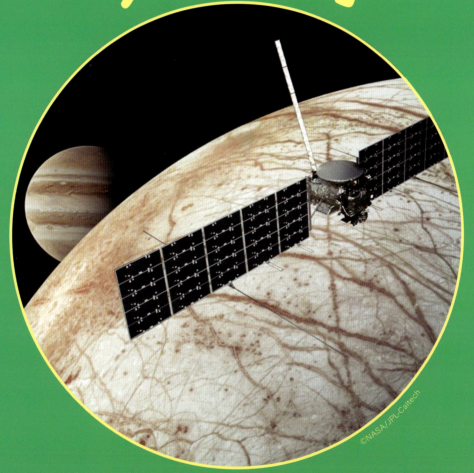

©NASA/JPL-Caltech

私たちが住む太陽系には、生命がいるかもしれないと考えられている天体が地球以外にもあります。その天体の環境をより詳しく知るために、たくさんの探査機や探査車たちが送り込まれ、探査が続けられています。

地球の生命はどうや

地球のはじまり

太陽の誕生と微惑星の衝突

　宇宙のはじまりはさかのぼること138億年前。ビッグバンと呼ばれる大爆発により宇宙が生まれたと考えられています。それから90億年ほど経ったころ、宇宙空間を漂っていたちりやガスが集まって太陽ができました。このときに残ったちりとガスから無数の小さな天体・微惑星がつくられました。これらの微惑星は衝突を繰り返し、合体しながら次第に大きな天体に成長していきました。そのうちの1つが地球です。地球ができたのは今から約45億年前、宇宙が93億歳のときでした。

って生まれたの？

マグマの海に覆われた灼熱の地球

　現在の地球は表面の10分の7が水で覆われていて、宇宙から見ると青く輝いて見えます。しかし、生まれたての地球の海はまったく違う姿でした。微惑星の衝突によるエネルギーは岩石をドロドロに溶かすほどの熱となり、地球の表面は高温のマグマの海・マグマオーシャンで覆われていました。岩石に含まれていた物質の一部は蒸発して、大気をつくりました。

　微惑星の衝突が落ち着くと、マグマオーシャンはだんだん冷えて、固まっていきました。このときに発生した大量の水蒸気が雲をつくり、雨となって地表に1000年以上降り注ぎました。この雨が溜まってできたのが海です。

2 探査機で調査だ！太陽系内 **27**

地球の生命のはじまり

地球生命はどこで生まれたの？

　では、最初の生命はどこで生まれたのでしょうか。この謎はまだ解明されていませんが、有力な仮説は大きく2つあります。1つは、海底にある高温の熱水が噴き出す穴・熱水噴出孔の付近で最初の生命が生まれたという「海底熱水起源説」です。熱水に含まれている物質や岩石から溶け出した物質が化学反応を繰り返してアミノ酸やタンパク質がつくられ、生命が生まれたのではないかと考えられています。実際に熱水噴出孔の周りには海底の他の場所よりも生物が集まっています。火山地帯にある温泉の付近で最初の生命が生まれたという「陸上温泉起源説」もあります。

　その他、最初の生命は宇宙で生まれて、隕石にくっついて地球にやってきた微生物だという「パンスペルミア説」もあります。さらには、生命そのものではなく、生命の材料が宇宙から飛んできたという仮説も考えられています。

海底熱水起源説

チムニーと呼ばれる煙突のようなものから、塩分や金属を含んだ熱水が噴き出している。この熱水に含まれた化合物を求め、多くの生き物が集まる

熱水噴出孔 ©NOAA

28　2　探査機で調査だ！太陽系内

陸上温泉起源説

温泉から生命が誕生したという説。温泉付近にもリンや硫黄といった生体に必要な元素が存在し、生命が誕生するために必要なエネルギーは充分にあると考えられる

イエローストーン国立公園の航空写真　©Carsten Steger

38億年前の生命の痕跡を発見

　今までに確認されている最も古い生命の痕跡は、グリーンランドの西部にあるイスア地域で見つかった38億年前の炭素の粒です。分析の結果、炭素の粒には生物に含まれている炭素と同じ特徴があることがわかりました。このことから、38億年前には何らかの生物が存在していたと考えられています。

太陽系内での探査

太陽系とその天体たち

　もしも、地球外生命体に私たちの居場所を伝える住所をつくるなら、「太陽系　第三惑星・地球」となるでしょう。太陽系とは、太陽とその重力に影響を受けている星の集まりのことです。太陽系には、太陽から近い順に水星、金星、地球、火星、木星、土星、天王星、海王星の8つの惑星が見つかっています。私たちが住む地球は、太陽に3番目に近い惑星です。その他、太陽系には惑星の周りを回る衛星や小惑星などの星があります。

宇宙生命体がいるかもしれない天体

　太陽系の星の中で生命がいる可能性があり、注目されているのは火星、木星と土星の衛星です。特に、地球のとなりにある火星には、世界中の宇宙機関が探査機を送り込んでいます。

宇宙生命体がいる星は太陽系にある？

太陽系内の概念図　©NASA

　一方、水星や金星の過酷な環境では、生命は存在できないのではないかと考えられてきました。太陽から一番近い水星は最高430℃、金星は二酸化炭素の温室効果が働き460℃に達します。しかし、金星の上空50〜60km付近は気温と気圧が低く、生命が生き延びられる可能性があると考えられています。アメリカのNASAは2028年以降に金星に2つの探査機を送る計画を発表していて、新たな手がかりが見つかることが期待されます。

> **プラス　恒星と惑星**　夜空を見上げるとたくさんの星が光って見えますが、実は宇宙にある星は自分で光を出しているものばかりではありません。例えば、夕方、西の空でひときわ輝いている一番星の金星は、太陽から届いた光を反射して光っています。地球も宇宙から見ると太陽の光を反射して光って見えます。太陽のように自分でエネルギーを生み出し、光を出している星を恒星、金星や地球のように恒星の周りを回る星のうち充分な質量がある星を惑星と呼んでいます。

2　探査機で調査だ！太陽系内　**31**

太陽系で生命体を探す方法

14ページで紹介した、太陽系の惑星や衛星にいるかもしれない生命の探し方を詳しく見てみましょう。将来的には、宇宙飛行士による探査なども実現するかもしれません。

上空から惑星を観測

マリナー9号
©NASA/JPL

探査機を惑星や衛星の軌道に送ってカメラで撮影したり、特殊なセンサで観測したりすると、望遠鏡で観察するよりもたくさんの情報が手に入ります。

例えば、NASAが1960年代から70年代のはじめに打ち上げた火星探査機マリナー4号と9号は火星の地表を撮影して、地球に届けてくれました。特にマリナー9号の画像は、火星にはエベレストの3倍も高い火山や巨大な峡谷など、ダイナミックな地形があることを教えてくれました。

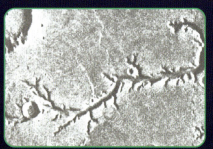

マリナー9号が撮影した火星の溝
©NASA/JPL-Caltech

探査機による現地調査

探査機を天体の地表に着陸させて探査すると、砂や岩石に微生物がいるかどうか調べたり、生命が存在するのに欠かせない水があるかどうかを調べたりして、たくさんの情報が得られます。しかし、探査機を天体に着陸させるのは簡単なことではありません。途中で通信が途絶えたり、着陸に失敗して探査機が壊れてしまったりすることもあります。

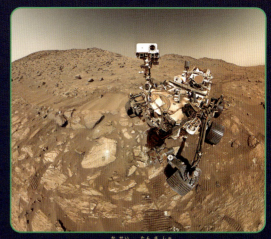

火星の探査車、パーサヴィアランス
©NASA/JPL-Caltech/MSSS

惑星の岩石や砂を調査する「サンプルリターン」

探査機の中には、天体で採取した岩石や砂を地球に持ち帰るサンプルリターンを行うものもあります。有名なのはJAXAの小惑星探査機「はやぶさ」と「はやぶさ2」です。はやぶさたちが届けてくれた小惑星のサンプルからは水の痕跡が見つかりました。

はやぶさ2と小惑星のイメージ図
©JAXA

はやぶさ2が採取した黒い石のサンプル
©JAXA

火星探査
火星探査の長い歴史

火星
©NASA, ESA, and Z. Levay (STScI)

火星人がつくった水路を発見？

　火星の表面の様子がわかる前は、火星には火星人が住んでいると信じている人たちもいました。イタリアの天文学者ジョバンニ・スキャパリの火星のスケッチには、直線状の筋が描かれていました。スキャパリはこれをcanale（＝イタリア語で溝の意味）と表現していましたが、canal（＝英語で運河、人工的な水路の意味）だと翻訳されてアメリカに伝わってしまいました。これを見たアメリカの天文学者パーシヴァル・ローウェルは、火星には運河を建設できるほど高度な知能を持った生命がいると信じてしまったのです。ローウェルは火星人や運河の存在を主張し、19世紀末に一般の人々の間で火星ブームが起こりました。

ジョバンニ・スキャパリが描いた火星の地図

宇宙開発バトルと火星

1950年代から70年代にかけて、アメリカと当時のソビエト連邦（ソ連）は宇宙開発競争を繰り広げていました。火星もその舞台となり、アメリカとソ連はどちらが先に火星に進出できるかを競い合っていました。

アメリカが1964年に打ち上げたマリナー4号は世界で初めて火星に接近して、表面の様子を写真にとらえて地上に送ってきました。続くマリナー9号はさらに多くの写真を撮影しました。運河は見つからなかったものの、川が流れていたような地形が見つかりました。

世界初の火星着陸に成功したのは、ソ連でしたが、わずか20秒後に通信が途切れてしまいました。1971年のことでした。

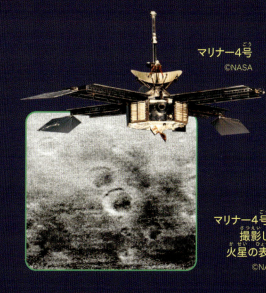
マリナー4号
©NASA

マリナー4号が撮影した火星の表面
©NASA

マリナー9号
©NASA/JPL

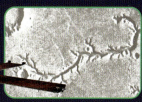
ただの溝で、誰かがつくったわけではなかった
©NASA/JPL-Caltech

火星探査成功！バイキング計画

本格的な探査に初めて成功したのは、アメリカが1970年代に打ち上げたバイキング1号と2号です。かつて水があったと考えられる平原に着陸して、火星の土から微生物を検出する実験を行いました。結果的に生命が存在している証拠の発見はできませんでしたが、人々のアストロバイオロジーへの関心を高めました。

バイキング1号
©NASA

バイキング1号が撮影した火星の表面　©NASA

2 探査機で調査だ！太陽系内　35

それいけ！火星探査の最前線

現在まで火星での探査をがんばっている探査機たちをピックアップしました。どんな目的で探査をしているのかにも注目です。

水を追え！ 探査機フェニックス

フェニックス
©NASA/JPL/UA/Lockheed Martin

アメリカが再び火星探査に力を注ぎ始めたのは1990年代に入ってからです。合言葉は「水を追え！(Follow the water)」。バイキング計画のようにいきなり生命を探すのではなく、まずは生命にとって欠かせない水を探す作戦を取ることにしました。

NASAは続々と探査機を火星に送り込み、2008年に火星の北極に着陸した探査機フェニックスは、掘った地面から氷を発見しました。

火星表面を掘り出した溝の中で、氷が見つかった
©NASA/JPL-Caltech/University of Arizona/Texas A&M University

有機物を探せ！ 探査車キュリオシティ

マーズ・サイエンス・ラボラトリー　©NASA/JPL-Caltech

水の次に探されたのは有機物でした。2012年に火星に着陸した探査車マーズ・サイエンス・ラボラトリー（愛称キュリオシティ）は、30億年前の泥岩から採取した土から有機物を発見しました。

2024年現在もキュリオシティは火星で探査を続けています。

かつての湖で生命の痕跡を探せ！
探査車パーサヴィアランス

パーサヴィアランス　©NASA/JPL-Caltech/MSSS

NASAの探査車パーサヴィアランスは、35億年以上前に湖があったと考えられているジェゼロ・クレーターに2021年に着陸しました。パーサヴィアランスは生命の痕跡を探すため、ジェゼロ・クレーターの土や岩石を容器に詰めながら移動しています。この容器はNASAとヨーロッパ宇宙機関が共同で開発している探査車やロケット、周回機によって地球に届けられる計画です。

プラス　ジェゼロ・クレーター

ジェゼロ・クレーター　©NASA/JPL-Caltech/USGS

望遠鏡で火星を観察すると、黒っぽい模様が見られます。赤道に近い、一番大きい模様は「大シルチス台地」と呼ばれる場所です。パーサヴィアランスが着陸したジェゼロ・クレーターは、この大シルチス台地にあるクレーターです。

火星の"衛星"から生命の痕跡を探せ！
火星衛星探査計画MMX

MMX探査機イメージ　©JAXA

JAXAは火星衛星探査計画（MMX）で、火星から吹き飛ばされた砂が積もっていると考えられている衛星フォボスに着陸して砂を持ち帰るという壮大な計画に挑戦しています。探査やサンプルリターンにより、火星の衛星の起源や太陽系の惑星にどのようにして水と有機物が生まれたのかを調べます。打ち上げは2026年度、サンプルの帰還は2031年度になる予定です。

2 探査機で調査だ！太陽系内　37

木星系探査
カギは木星の周りの氷衛星たち

木星
©NASA/JPL/University of Arizona

衛星の海に地球外生命体がいるかも？

木星の美しい縞模様の正体は雲です。木星はガスのかたまりで、地球のような地面はありません。人間が住むどころか着陸することもできず、生命が生きるのは難しいと考えられています。

ただ、木星の周りを回る衛星は地球外生命体がいる可能性があります。現在報告されている木星の衛星はなんと95個（2024年現在）。そのうちのエウロパ、ガニメデ、カリストは表面が氷で覆われていて、地下には海が広がっていると考えられています。特にエウロパは、地下の海から水蒸気のようなものが噴き出しているのがハッブル望遠鏡の観測でわかっています。

木星の周りを回る衛星たち　©NASA/JPL/DLR

木星の氷衛星探査の最前線

木星系に向かう探査機には、太陽から離れていても発電できる太陽電池パネルや、厳しい放射環境にも耐えられる設計が必要。まだ解明されていないことも多い木星系を訪れる最前線の探査機たちを紹介します。

3つの衛星をとらえる！ JUICE

ヨーロッパ宇宙機関が中心となって進めている木星氷衛星探査計画JUICE（ジュース）は、木星系に探査機を送ってエウロパ、ガニメデ、カリストを探査します。探査機は2023年に打ち上げられ、2031年に木星系に到着する予定です。その後、3つの衛星に接近して上空から観測します。ジュースで得られたデータは、太陽系の起源の解明や衛星の地下に海はあるか、生命はいるかどうかを探るのに役立てられます。

ジュースにはカメラや分光計をはじめ、10の観測機器が搭載されています。日本も機器の開発や研究に参加しています。

ジュース　©ESA (acknowledgement: ATG Medialab)

エウロパの謎を解く！ エウロパ・クリッパー

NASAは、エウロパの地下に生命が生きられる場所があるかどうかを調べる探査機エウロパ・クリッパーを2024年に打ち上げました。エウロパのみに絞って探査する探査機が打ち上げられたのは世界で初めてのことです。エウロパ・クリッパーには高精度なカメラやセンサなどが9つ搭載されています。5年半かけて木星に向かい、木星を周回しながらエウロパに約50回接近して上空から観測します。エウロパへの最初の接近は2031年となる見込みです。

エウロパ・クリッパー　©NASA/JPL-Caltech

土星系探査
期待大！土星の氷衛星たち

土星と土星探査機カッシーニ ©NASA/JPL

©NASA/JPL/Space Science Institute

地底海を持つ衛星と湖や川を持つ衛星

　輪っかが印象的な土星も、木星と同じようにガスでできています。土星もやはり生命が生きるのは難しいと考えられていますが、土星の周りを回る衛星には地球外生命体がいる可能性があるといわれています。土星の衛星は146個。特に注目されているのは、「エンケラドス」と「タイタン」です。

　エンケラドスの地下には海があることがわかっています。NASAとヨーロッパ宇宙機関が打ち上げた土星探査機カッシーニはエンケラドスに接近し、南極の氷のすき間から氷の粒と水蒸気が噴き出ている「タイガーストライプ」と呼ばれる、まるで温泉のような間欠泉を発見しました。さらに生命に欠かせないリンも大量に見つかりました。液体の水、有機物、エネルギーがあるエンケラドスは、地球で最初に生命が生まれた環境と似ていて、地球外生命体がいるのではないかと期待されています。

エンケラドスと
タイガーストライプ
（右下）
©NASA/JPL/Space Science Institute

2 探査機で調査だ！太陽系内

タイタンとメタンの湖

土星最大の衛星であるタイタンは、炭素と水素からつくられるメタンの雨が降り、メタンの湖や川があることがわかっています。

タイタンは、表面温度が-180℃の極寒の星ですから、水なら凍ってしまいますが、メタンは液体のまま存在できるのです。

タイタンに生命が見つかれば、水の代わりにメタンを使っても生命が誕生することがわかり、これまでの常識をくつがえす大発見となるでしょう。

タイタンには、これまでも探査機カッシーニに載っていた小型探査機ホイヘンス・プローブが着陸して、表面の様子を調べたことがあります。タイタンをさらに詳しく調べるために、NASAはドローン型の探査機ドラゴンフライを送る計画です。

タイタン(手前) ©NASA/JPL-Caltech/Space Science Institute

ドラゴンフライ ©NASA/Johns Hopkins APL/Steve Gribben

プラス エンケラドスの海底を再現してみたら……

東京科学大学 地球生命研究所の教授・関根康人さんは、エンケラドスの海底に100℃にもなる温泉があることを明らかにしました。関根さんは、探査機が観測したデータをもとに、エンケラドスの地下海を再現した海水と岩石を用意して、高温にして化学反応を起こしました。岩石が高温で水と反応すると、シリカという岩石成分が溶けだします。シリカは高温になるとより多く溶ける性質があるため、シリカの濃度と探査データを比べることで、エンケラドスの温泉の存在を突き止めました。

エンケラドスの海底下のイメージ図
©NASA/JPL-Caltech

月探査
月は地球のタイムカプセル

月
©NASA/JPL/USGS

月を知ることは地球の謎の解明につながる

月は、かつてのアポロ計画で人類が地球以外で唯一降り立つことに成功した天体です。私たちにとって一番身近な星ですが、大気がなく、地球外生命体が生きるのは難しいと考えられています。

しかし、月を調べることは地球と生命の起源の解明につながります。月は、地球が生まれて間もないころに大きな天体が衝突し、その破片が集まってできたというジャイアント・インパクト説が有力だとされています。月には地球には残っていない古い岩石があると考えられていて「地球のタイムカプセル」ともいわれています。

アポロ17号で月に降り立ったハリソン・シュミット
©NASA

42　2 探査機で調査だ！太陽系内

有人月面着陸を目指すアルテミス計画

NASAが中心となり、日本やカナダ、ヨーロッパが参加しているアルテミス計画は、月面に宇宙飛行士を送って探査を行います。アポロ計画との違いは、月面基地や月を周回する宇宙ステーションを建設して、宇宙飛行士がより長く、継続的に滞在できるように目指していることです。日本はアメリカとの間で、少なくとも2人の宇宙飛行士を月面に送ることを取り決めています。

また、2028年以降に組み立てが開始される予定の有人拠点ゲートウェイは、将来的に火星に向かう際の中継拠点としても利用されることが想定されています。

月周回有人拠点ゲートウェイ
©JAXA

➕プラス 月面を探検するために必要なスキルを身につける訓練

宇宙飛行士による月面や火星での探査に向けた訓練が行われています。例えば、ヨーロッパ宇宙機関が実施している「パンゲア訓練」では、月面や火星での探査に必要な地質学の知識を身につけます。

パンゲア訓練に参加した大西卓哉宇宙飛行士は、火山活動によってできたスペインのランサローテ島でのトラバース訓練が特に印象に残っているといいます。この訓練では宇宙飛行士が探検しながら見たものや触ったものを、離れた場所にいる地質学者に画像や音声で伝えます。その情報をもとに地質学者は宇宙飛行士に岩石の採取やより詳しい観察を指示します。月面では宇宙飛行士が、地球にいる科学者の目や手になって探検するので、見たものや触ったものをうまく伝えるスキルも磨く必要があるのです。

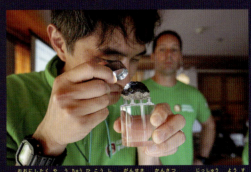

大西卓哉宇宙飛行士。岩石を観察する実習の様子
©ESA/V.Crobu

コラム
惑星だけじゃない深海・陸・宇宙での生命の起源探し

アストロバイオロジー研究者の鈴木志野さんは、生まれたばかりのころの地球に似た過酷な環境で生きる微生物の生態を研究し、理解することで、生命の起源や進化の法則、地球外生命はいるのかどうかを明らかにしようとしています。そのために、陸地や地下圏、ときには自ら船に乗って海底の極限環境へサンプルを採りに行くこともあるそうです。

Q どうして宇宙以外の場所で生きる生命の研究をする必要があるのですか？

国立研究開発法人
宇宙航空研究開発機構
宇宙科学研究所
学際科学研究科
鈴木志野さん

生命が生きるには、多数の元素を必要とするので、さまざまな物質を溶かし込むことのできる奇跡の液体＝水が必須だと考えられています。よって、NASAも「水を追え(Follow the water)」をスローガンに掲げ、水のある天体を探しています。

太陽系内の天体に関しては、例えば、火星の地下圏や氷衛星の氷の下に液体の水があると思われていて、それらが近い将来に行われるであろう生命探査のターゲットとなっています。

では、そういった環境に生命が存在する場合、いったいどういう生命で、どう検出できるのだろうか？ といった疑問が湧いてきませんか。私は、そのヒントを得るために、火星の岩石や氷衛星と似たような地球の環境に生きる生命を調べています。これらの知見は、効果的な生命探査計画を立てるために大いに活かされると思っています。

ミッション3

第2の地球を探せ！系外惑星

©NASA's Goddard Space Flight Center

太陽系の外にある惑星のことを太陽系外惑星または系外惑星といいます。世界中の研究者たちが地上の望遠鏡や宇宙に打ち上げられた望遠鏡を使って、生命がいるかもしれない、地球に似た系外惑星を探しています。

まずは地球に似て

地球に似ている星はどこにある？

太陽系外で生命を見つけるには？

太陽系外にいるかもしれない生命探しには2段階のステップがあります。まずは生命が存在できる系外惑星「ハビタブル惑星」を探すこと、その次は惑星に生命がいるといえる証拠「バイオシグニチャー」を見つけることです。

では、生命が存在できる系外惑星とはどんな星でしょうか？研究者は地球と同じように岩石でできていて、液体の水が存在できる環境があることが太陽系外でも生命がいる条件だと考えています。

いる星を探そう

火星をはじめ、太陽系の惑星は古くから親しまれてきました。かたや太陽系外で惑星が存在している証拠が発見されたのは1995年のことです。地球から遠く離れた太陽系外は、まだわかっていないことがたくさんあります。例えば、どこにどんな星があるのかも調べている途中です。

液体の水が存在できるハビタブルゾーン

恒星は温度が高いので、近くを公転している惑星では水は蒸発してしまいます。逆に、恒星から離れすぎている惑星では水は凍ってしまいます。恒星からほどよい距離にあり、水が天体の表面に液体の状態で存在できる温度の領域をハビタブルゾーンといいます。例えば、太陽系では地球から火星の付近がハビタブルゾーンの範囲です。

ホット！いま注目の宇宙生命体がいるかもしれない惑星ラインナップ

地球から近い系外惑星

プロキシマ・ケンタウリb

プロキシマ・ケンタウリb ©ESO

太陽系から一番近い恒星「プロキシマ・ケンタウリ」を回る「プロキシマ・ケンタウリb」は、ハビタブルゾーンにある、岩石でできた惑星です。近いといっても、1光年は光が1年間に進む距離、すなわち9兆4600億ですから、地球からは約40兆km離れていることになります。探査機を送り込むのはなかなか難しい距離です。

また、プロキシマ・ケンタウリの表面から吹き出す、強い「恒星風」にさらされている可能性もあります。今後のより詳しい観測で、プロキシマ・ケンタウリbの環境が明らかになることを期待したいところです。

> **プラス　赤色矮星**　プロキシマ・ケンタウリをはじめ、太陽よりも小さくて表面の温度が低い恒星を「赤色矮星」といいます。赤色矮星は、宇宙の恒星の約70％を占めます。
> 　太陽系の場合は公転周期が365日の地球から火星付近までの範囲がハビタブルゾーンにあたりますが、赤色矮星のハビタブルゾーンは惑星の公転周期が約10日から20日の範囲だと考えられるので、発見しやすく注目されています。

48　3　第2の地球を探せ！系外惑星

系外惑星たち

これまでに見つかった系外惑星は5700個以上！
その中でも、特に注目されている惑星を見ていきましょう。

太陽系外の「金星」

グリーゼ12 b

グリーゼ12 b ©NASA/JPL-Caltech/R. Hurt（Caltech-IPAC）

「グリーゼ12b」は、地球や金星と同じくらいの大きさの惑星です。グリーゼ12bが恒星から受け取るエネルギーは、金星が太陽から受けるエネルギーの量と同じくらいだと考えられることから、グリーゼ12bは過去に水があったかもしれない金星と環境が似ていると見られます。

また、惑星の表面に液体の水が存在するためには、恒星からのエネルギーの量だけでなく、大気の種類や量も大事です。
今後さらに詳しく観測していくことで、どんな大気を持っているのか、水蒸気、酸素、二酸化炭素など生命にかかわる物質があるのかが判明するでしょう。

 系外惑星の名前のつけ方

グリーゼ12　　　　b
恒星の名前　　発見された順番

宇宙には「グリーゼ」で始まる名前の天体がたくさんあります。というのも、ドイツの天文学者ヴィルヘルム・グリーゼがつくった天体の情報をまとめたリストに載っている星は、リストの順にグリーゼ1、2、3……と呼ばれているからです。グリーゼ12はリストで12番目の天体です。「b」は、グリーゼ12の惑星の中で最初に発見されたことを意味しています。一般的に系外惑星の名前は、惑星が回る恒星の名前のあとに、発見された順に小文字のアルファベットをb、c、d……とつけてつくられています。

3　第2の地球を探せ！系外惑星　49

トラピスト1星系 ©NASA/JPL-Caltech

ハビタブル惑星を3つ持つ
トラピスト1星系

地球から約40光年先に「トラピスト1星系」と呼ばれる、赤色矮星に分類される恒星があります。このトラピスト1の周囲を、岩石でできている惑星が少なくとも7つ回っています。そのうちのトラピスト1 d、e、fの3つはハビタブルゾーンにあると考えられていて、注目されています。

このトラピスト1星系の惑星をNASAが打ち上げたジェイムズ・ウェッブ宇宙望遠鏡で詳しく観察する試みも行われています。

地球 →距離：約40光年→ トラピスト1星系

プラス ジェイムズ・ウェッブ宇宙望遠鏡（JWST）

ジェイムズ・ウェッブ宇宙望遠鏡とは、NASAが打ち上げた世界最大の宇宙望遠鏡です。宇宙で最初に輝いた星「ファーストスター」を観測することを目標として掲げています。そんなジェイムズ・ウェッブ宇宙望遠鏡には高い視力が備わっていて、惑星の光をとらえて詳しく調べると、惑星の大気がどんな物質でできているかを知ることができます。

ジェイムズ・ウェッブ宇宙望遠鏡（JWST） ©NASA

ロス508 b ©アストロバイオロジーセンター

半分だけハビタブルゾーンの惑星?

ロス508 b

「ロス508 b」は、岩石でできていて、地球の約4倍以上の重さを持っている惑星です。珍しいことに、中心にある恒星を、円を押しつぶしたような楕円を描く軌道で回っています。この楕円軌道の一部はハビタブルゾーンにあり、ロス508bの公転にあわせて水と水蒸気が状態変化を繰り返しながら存在しているかもしれないと考えられています。地球外生命体についての新しい知見を手に入れるために重要な観測対象となっています。

地球から近い、ハビタブル惑星の中には、こんなユニークなものもあります。

プラス　スーパーアース

系外惑星のうち、地球よりやや大きな惑星をスーパーアースと呼んでいます。理論上、このくらいの大きさの惑星は、木星や土星のようなガスでできた惑星ではなく、地球のように岩石でできた惑星だと考えられています。重力があり、惑星が大気をしっかりとつかまえることができるので、温度や気圧が保たれ、液体の水が存在しやすくなります。

地球の約2倍あるスーパーアース。
地球と似た特徴を持つ「かに座55番星 e」
©NASA/JPL-Caltech/R. Hurt (SSC)

3　第2の地球を探せ!系外惑星　51

系外惑星の探し方
活躍する望遠鏡

宇宙と地球の役割分担

星が放つ光には、その星の温度やガスの成分など、たくさんの情報がつまっています。しかし、その一部は地球の大気によって吸収されてしまいます。そこで活躍するのが、宇宙に打ち上げられた望遠鏡です。宇宙望遠鏡は系外惑星の候補のデータを次々と地上に届けてくれますが、天体が起こす現象を惑星が存在している証拠だと見間違えてしまうことも。

系外惑星の候補が本物だと確かめるために、地上の望遠鏡を使って、「フォローアップ」と呼ばれるより精密な観測を行っています。研究者は宇宙望遠鏡と地上望遠鏡を使いこなしながら、研究を進めます。

宇宙望遠鏡で系外惑星の候補を探す

NASAのケプラー宇宙望遠鏡は、地球の半分から2倍の大きさの系外惑星を探すために2009年に打ち上げられました。9年間で50万個を超える星を観測して惑星の候補を多く見つけ出し、そのうち2662個が惑星だと確認されました。(2018年10月時点)

ケプラーの仕事を引き継いで2018年に打ち上げられた宇宙望遠鏡TESSは、より広い範囲を観測して、ケプラー宇宙望遠鏡では見つけられなかった惑星を探します。

ケプラー宇宙望遠鏡 ©NASA

TESS ©NASA

ジェイムズ・ウェッブ宇宙望遠鏡(JWST) ©NASA

地上望遠鏡で惑星の光を読み取る

地上の望遠鏡にもいろいろな種類があります。アメリカ・ハワイ島にある、世界最大級のすばる望遠鏡は星の光を集める鏡(主鏡)が直径8.2mもあります。

8mから10mクラスの大型望遠鏡を使うと、系外惑星が放つ光を集めて、その星の情報を読み取ることができます。ただ、大型望遠鏡を使いたい研究者は大勢いるため、観測時間を確保するのも大変な作業です。

主鏡の大きさが1mから2mクラスの小型望遠鏡は、宇宙望遠鏡ケプラーやTESSの情報を頼りに系外惑星の候補を本物かどうか確かめるフォローアップ観測に使われます。日本では岡山県にある国立天文台 ハワイ観測所岡山分室にある1.88mの望遠鏡が活躍しています。宇宙望遠鏡からの情報は使わず、とにかくいろいろな星に向けて観測を行って系外惑星を探す「サーベイ観測」に使われることもあります。

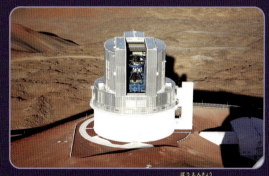
すばる望遠鏡 ©国立天文台

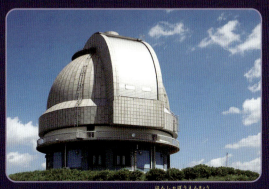
1.88m反射望遠鏡 ©国立天文台

TMT完成予想図(P56) ©国立天文台

プラス 研究者は望遠鏡をのぞかない?

宇宙や天文にかかわる研究者は望遠鏡で星を見ているというイメージを持っている人も多いでしょう。しかし、最近の研究者たちが見るのは望遠鏡が集めた光を処理したデータであり、望遠鏡をのぞきこんで肉眼で星を見ることはしていません。つまり、必ずしも望遠鏡のそばにいなくても天体観測ができるのです。

系外惑星の観察方法

3つの見つけ方

　宇宙と地上の望遠鏡を使い、系外惑星を探して調べる方法は、おもに3つあります。まず、「視線速度法」と「トランジット法」の2つ。これらは、惑星そのものを観測するのではなく、恒星を観測して、その周りの惑星が恒星に与える影響をとらえることで惑星を見つける方法で、「間接法」と呼ばれる発見方法です。これまでに確認されている系外惑星の多くは、間接法によって発見されました。

　もう1つは、「直接撮像法」。惑星を直接観察することで発見する、「直接法」と呼ばれる方法です。それぞれに長所があり、研究者は調べたい情報や状況によって方法を選んでいます。

恒星のふらつきをとらえて惑星を発見！

視線速度法　[間接法]

特徴
惑星の重さがわかる

見つけた星
ペガスス座51番星（はじめて発見された系外惑星）、ロス508 b など

　惑星が恒星の周りを回っていると、恒星がわずかにふらつきます。このときに恒星の光の波長が変化する様子を望遠鏡でとらえて、惑星を見つける方法を視線速度法または「ドップラー法」といいます。初の系外惑星の発見にも、この視線速度法が使われました。

視線速度法

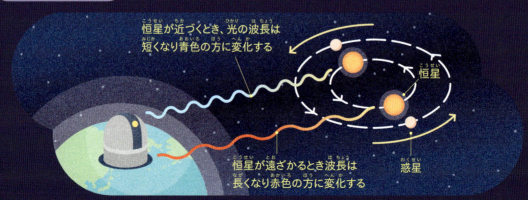

プチ日食を手がかりに惑星を発見!
トランジット法 　間接法

特徴
惑星の大きさがわかる

見つけた星
K2-415 b、トラピスト1星系など

　惑星が恒星の前を通りすぎるときに、恒星の一部が惑星の影に隠れて一時的に恒星の明るさが弱まる日食のような現象が起こります。その現象を望遠鏡でとらえて惑星を見つける方法を、トランジット法といいます。ケプラー宇宙望遠鏡やTESSもトランジット法を使って、系外惑星の候補を探しています。これまでに見つかった系外惑星のほとんどは、トランジット法で見つけられました。

　また、トランジット法と視線速度法の両方を行い、惑星の大きさと重さ、両方の情報がわかると、惑星がなにで構成されているのかがわかります。

トランジット法

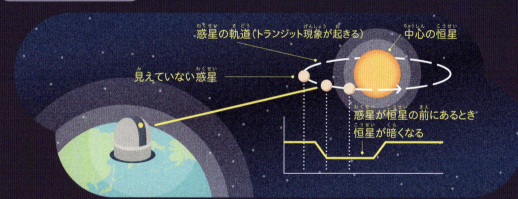

プラス　視線速度法のメカニズム

　光や音は波の性質を持っています。波は近づくと1回分の波が短くなり、遠ざかると長くなります。このような現象はドップラー効果と呼ばれています。例えば、救急車が近づいているときと遠ざかっているときでは、サイレンの音が違って聞こえませんか？ これもドップラー効果によるものです。恒星も地球の方向に揺れると、ドップラー効果によって放つ光の波長が変わるのです。

　恒星の揺れの大きさは、人が歩く速度と同じぐらい。この小さな揺れを数十、数百光年離れた地球から観測するのは難しく、細かい観測が必要です。すばる望遠鏡には視線速度法で惑星を見つけるための装置(分光器→P62)も取り付けられています。

3　第2の地球を探せ！系外惑星　55

系外惑星を直接見る！
直接撮像法 [直接法]

特徴
惑星の大きさと重さがわかる

見つけた星
インディアン座イプシロンA bなど

　直接撮像法は望遠鏡で惑星を見つめて調べる方法です。惑星の光は恒星の明るい光に埋もれてしまうため、直接とらえるのは大変な作業です。この難しさは、船が海をわたるための目標となる光を発している灯台のそばを飛ぶホタルを見ることによく例えられます。灯台のそばでは、ホタルの光は見えづらいと思いませんか？そのぐらい惑星の光はとらえるのが難しいのです。
　恒星の明るい光を隠すために、望遠鏡に装置を取り付けることで撮影します。撮影された惑星の画像の光の波長を分解すると、どのような物質で大気が組成されているのか知ることができます。

画像真ん中左にある明るい点を、JWSTで直接撮像した画像。★マークの位置にある主星の光は、撮影のために隠されている

太陽系外の巨大ガス惑星「インディアン座イプシロンA b」
©ESA/Webb, NASA, CSA, STScI, E. Matthews
(Max Planck Institute for Astronomy)

超大型望遠鏡への期待

TMT 完成予想図　©国立天文台

　大きな望遠鏡や特殊な装置などが登場することで、直接撮像法はさらに発展していくと考えられています。例えば、日本、アメリカ、カナダ、インド、中国が協力して、ハワイ島に30m望遠鏡（TMT）を建設しています。TMTが完成すれば、惑星のわずかな明るさの変化にも気づけるようになり、将来的には系外惑星に雲や海、植物があるのかどうかも、地球にいながら調べられるようになる日が来るかもしれません。

コラム
重力のいたずらが系外惑星探しのヒントに

恒星を観察して惑星を見つける「間接法」には、視線速度法やトランジット法以外にも、重力のねじれを使った観測方法があります。

重力のいたずらで銀河がにやり？

写真に写る星々は、46億光年先にある銀河の集まりです。真ん中の大きな2つの星は目。その下にちょこんと並ぶ星は鼻。さらに下の光はにやりと笑う口元……。なんだか顔のようですね。『不思議の国のアリス』に登場する、いたずら好きのチェシャ猫の顔に似ていることから「チェシャ猫銀河団」というニックネームがつきました。

銀河にはさまざまな形のものがありますが、チェシャ猫銀河団の口元ほど曲がっているのは不思議ですね。実はこれは、手前にある銀河の重力や私たちには見えないダークマターと呼ばれる正体不明の物質の重力の影響で、遠くにある銀河の光が曲がって見えているのです。このように重力の影響で光が曲がって見える現象を「重力レンズ」と呼びます。

NASAのハッブル宇宙望遠鏡で撮影された「チェシャ猫銀河団」。
©NASA/CXC/UA/J.Irwin et al; Optical: NASA/STScI

2つの恒星が重なると……

チェシャ猫銀河団のように、数千億個の恒星が集まってできた銀河などの重力がレンズの役割を果たして光を曲げることを「重力レンズ効果」と呼びます。同じ原理で、恒星など比較的スケールが小さい天体の重力が光を曲げることを「重力マイクロレンズ効果」と呼びます。

重力マイクロレンズ効果による変化は重力レンズ効果ほどダイナミックではありませんが、系外惑星探しで活躍しています。遠くにある恒星と手前にある恒星が重なって見えるときに、光が恒星の重力によって曲げられて、遠くの恒星が一時的に明るく見えます。手前にある恒星が惑星を持っていると、明るくなり方が変化します。この方法は「重力マイクロレンズ法」といい、トランジット法と視線速度法に続く3つ目の間接法として注目されています。

望遠鏡のしくみ
光を集める地上望遠鏡

望遠鏡のお仕事

　地上の望遠鏡は宇宙から届くさまざまな波長を観測しています。例えば、光学望遠鏡は大きな鏡で星が放つ光を、電波望遠鏡はパラボラアンテナで宇宙からやってくる電波を集めます。

　アストロバイオロジーで活躍している光学望遠鏡の1つ、すばる望遠鏡は人間の眼に見える可視光や赤外線を観測しています。

　光学望遠鏡は主鏡が大きいほど、たくさんの光を集められます。すばる望遠鏡の主鏡は8.2m！富士山のてっぺんに置いたコインを東京都内から見分けられるほどの力を持っていて、宇宙のはじまりを知る手がかりを調べたり、生命がいるかもしれない星を探したりしています。

すばる望遠鏡を図解！

　大きな鏡でキャッチした星の光を小さな鏡で反射させて、カメラに集めて記録しているよ。

すばる望遠鏡　©国立天文台

ドーム
気流や空気の乱れから望遠鏡を守っている

副鏡
主鏡が集めた光を反射してカメラに集めて、データとして記録する

主鏡
大きな鏡で星からやってきた光を集める

ハワイ島マウナケア山に立っている望遠鏡たち ©国立天文台

望遠鏡が設置されるのはどんな場所？

　すばる望遠鏡は、富士山よりも標高が高いハワイ島のマウナケア山の頂上の近くに設置されています。天体観測を行うには、晴れの日が多く、空気が乾燥していて、街明かりが少ない場所が必要です。マウナケア山頂は天体観測を行うのにぴったりな場所で、世界各国の望遠鏡が10棟以上立っています。超大型望遠鏡TMTもマウナケア山頂で建設が行われています。

自然や文化を大切に

　ハワイ島の住民からは、マウナケア山の自然や文化が壊されてしまうことを心配して、望遠鏡の建設に反対する声が挙がりました。地元の人々と対話を重ね、自然や文化を守りながら建設が進められています。

世界の望遠鏡MAP

一般見学もできる！

ハワイ観測所岡山分室

岡山　©国立天文台

野辺山宇宙電波観測所

長野　©国立天文台

テイデ観測所
（カルロス・サンチェス望遠鏡）
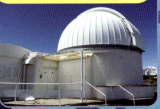
テネリフェ島
©アストロバイオロジーセンター

ロシア ★
中国 ★
韓国 ★
日本 ★

1台の望遠鏡としては口径が最大！

カナリア大天体望遠鏡（GTC）

ラ・パルマ島　©Pablo Bonet / IAC

★ スペイン
カナリア諸島

インド ★

ジェミニ天文台
ハワイ島 マウナケア　©NOIRLab

サザーランド観測所
（南アフリカ望遠鏡）

サザーランド
©NRF|SAAO

南アフリカ ★

オーストラリア ★

サイディング・スプリング天文台

ニュー サウス ウェールズ州
©Las Cumbres Observatory

60　3 第2の地球を探せ！系外惑星

宇宙からやってくる光や電波を読み取ろうと、世界各地の高地に大型望遠鏡や天文台が建設されています。観測の条件が特にそろっているアメリカ・ハワイ島のマウナケア山、チリのアンデス山脈にあるアタカマ砂漠、スペイン領カナリア諸島のラ・パルマ島にはたくさんの大型望遠鏡があります。

すばる望遠鏡

ハワイ島 マウナケア　　©国立天文台

世界で一番標高が高いところにある望遠鏡!

ただいま建設中。太陽系外惑星を調べる

東大アタカマ天文台
アタカマ　　©東京大学TAOプロジェクト

巨大マゼラン望遠鏡
ラスカンパナス
©Giant Magellan Telescope - GMTO Corporation

⭐ アメリカ ハワイ

TMT

ハワイ島 マウナケア　　©国立天文台

チリ アンデス山脈 ⭐

ハレアカラ天文台

マウイ島 ハレアカラ
©Las Cumbres Observatory

ケック望遠鏡

ハワイ島 マウナケア　　©NASA/JPL

アルマ望遠鏡

アタカマ　　©国立天文台

3. 第2の地球を探せ!系外惑星

分光器のしくみ
天体観測を支える分光器

望遠鏡が集めた光を調べる

アストロバイオロジーの研究者にとって光学望遠鏡は星の光を集めるための道具です。天体観測には望遠鏡が集めた光を観測する装置も欠かせません。

例えば、視線速度法で系外惑星を見つけるときは、星から届いたさまざまな波長を含んでいる光を波長ごとに分ける分光器を使います。すばる望遠鏡も分光器を使って視線速度法で惑星候補を観測しています。望遠鏡と分光器の活躍により、これまでに複数の系外惑星が確認されました。

分光器の温度管理は慎重に

すばる望遠鏡の場合は、集めた分光器は望遠鏡の真下にある地下室に設置されていて、光ファイバーを使って集めた光を送ります。すばる望遠鏡が集める赤外線と呼ばれる種類の光は熱に敏感です。分光器は真空チャンバーに入れて、-100℃に冷やされています。分光器の温度がたった1℃変わるだけでも、恒星がふらついたように見えてしまうことがあります。偽物の恒星の揺れに惑わされないように研究者たちは慎重に分光器の温度を管理しているのです。

分光器は、星から届いた光を、細かい波長に分ける。特定の波長だけ光が弱くなっている部分「吸収線（暗線）」のふらつきを測定する

IRD分光器
©国立天文台

©国立天文台

アストロバイオロジーセンターで開発されていた、分光器を入れる真空チャンバー
撮影／前田 立

コラム
アストロバイオロジーセンターにお邪魔しました

「宇宙生命体」ってどんな風に研究しているんだろう……。そんなギモンに迫るため、日下部展彦先生がいる「アストロバイオロジーセンター」へ取材に行ってきました！

国立天文台の入り口には、ペイル・ブルー・ドットと同じ色でつくった表札がある

撮影／前田 立

世界で唯一の研究機関が日本に！

アストロバイオロジーセンターは、宇宙にいるかもしれない生命の研究を推進するために2015年に設立された研究機関です。アストロバイオロジーに特化した大学共同利用のための研究機関は、なんと世界で唯一！

これまでにアストロバイオロジーの鍵となる研究成果を続々と発表しています。研究室は東京都三鷹市の国立天文台と愛知県岡崎市の基礎生物学研究所に併設されています。複数の研究機関に所属している研究者や海外出身の研究者、天文学や生物学を学ぶ大学院生もいます。

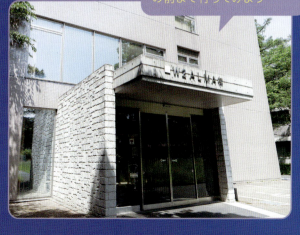

研究室の一部があるALMA棟。国立天文台は一般見学も可能なので、お散歩に棟の前まで行ってみよう

宇宙の生命に迫る3つのプロジェクト室

　アストロバイオロジーセンターの最初の目標は、バイオシグニチャーを見つけることです。生命がいるかもしれない星を探す「系外惑星探査プロジェクト室」、新しい星を探したり、分析したりするための装置を開発する「アストロバイオロジー装置開発室」、どんな兆候があれば宇宙に生命が存在するといえるのかを研究する「宇宙生命探査プロジェクト室」の研究者たちが協力し合いながら、宇宙の生命の謎に挑んでいます。

アストロバイオロジー装置開発室では、装置にどんな機能が必要かを考えることから始まり、設計を決め、部品を組み上げて、設計通りの精度で観測できるように装置を調整し、つくりあげるんだ！

アストロバイオロジー装置開発室に置かれていたホワイトボード。なにやら難しいメモ書きがたくさん

装置を組み立てるための工具は意外とみんなが使うものと似ている……!?　でも太さのバリエーションは豊富だ！

この本の監修者でもある日下部さんのデスクの上。いろいろな本や資料に囲まれている……

ミッション4

宇宙生命体を探そう

©NASA, ESA, W. Clarkson (Indiana University and K. Sahu (STScI)

アストロバイオロジーの研究が進む中、系外惑星のバイオシグニチャーの探し方を考える研究や、地球から打ち上げる探査機で天体を汚さないための技術開発やルールづくりをはじめ、さまざまな取り組みが行われています。

2050年代に宇宙
宇宙生命体発見はもう目の前⁉

期待のジェイムズ・ウェッブ宇宙望遠鏡

　いま、バイオシグニチャーを見つける最も有力な方法は、「ジェイムズ・ウェッブ宇宙望遠鏡（JWST）」による観測です。JWSTは宇宙で最初に輝きはじめたファーストスターを観測するために打ち上げられた望遠鏡で、とても高い視力を備えています。そのJWSTで系外惑星を観測すると、水や酸素が存在しているかどうかがわかるというわけです。地球と同じくらいのサイズの惑星に水や酸素が見つかれば、そこには生命がいる可能性が高いので、大ニュースになるでしょう。

JWSTが観測したオリオン星雲にある天体「d203-506」から、生命の起源につながる重要な炭素分子「メチルカチオン」を宇宙で初めて検出した

JWSTは次々と新しい発見をしている！

©ESA/Webb, NASA, CSA, M. Zamani (ESA/Webb), the PDRs4All ERS Team

©NASA

生命体が見つかる？

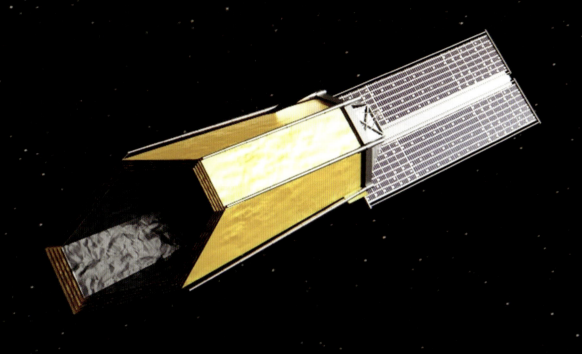

「ハビタブル・ワールド・オブザーバトリー」の初期設計のうちの1つのイメージ図
©NASA's Goddard Space Flight Center Conceptual Image Lab

次世代望遠鏡の打ち上げ計画も！

　さらにNASAは、系外惑星やバイオシグニチャー探し専門の大型の宇宙望遠鏡「ハビタブル・ワールド・オブザーバトリー」の運用を2040年代にはじめる計画です。こうした望遠鏡の活躍により、遅くとも2040年代、地上の大型望遠鏡に装置を取り付ければ2030年代にもバイオシグニチャーを観測できるのではないかと考えられています。読者のみなさんが大人になるころにはバイオシグニチャーが発見され、もしかすると宇宙生命体も見つかっているかもしれませんね。

4 宇宙生命体を探そう　**67**

見つけやすい宇宙
キーワードは光合成

植物が注目されているわけ

　アストロバイオロジーセンターでは、系外惑星に植物が生息しているとしたら、どんなバイオシグニチャーを発するのかを検討する研究を行っています。
　なぜ植物に注目したのかというと、ハビタブル惑星には恒星から届く光と水と二酸化炭素があると考えられていて、植物が光合成をできる環境が整っているからです。植物は地球が誕生した後、早い段階で生まれて、今も世界中で生息していることから、系外惑星においても生息している可能性が高いと考えられています。加えて、望遠鏡で観測できる強いシグナルを発すると考えられていることから、植物が注目されているのです。

プラス 光合成ってなに？

地球上にある植物の多くは、太陽の光のエネルギーを使って二酸化炭素と水から、デンプンなどの栄養をつくり出して生きています。この反応を「光合成」と呼びます。植物は光合成で栄養と一緒に酸素もつくり出して放出しています。地球上を満たしている酸素の多くは、実は植物が光合成をしてつくったものです。

生命体は、植物

植物が反射する光を望遠鏡でとらえよう

　ハビタブル惑星に植物が生息していたら、地球の植物と同じように恒星の光で光合成をして栄養をつくり出しているのではないかと考えられています。恒星から惑星に届く光のうち、植物が光合成に使う光は吸収されますが、使わない光は宇宙へとはね返されます。そのため、植物が生息している惑星を望遠鏡で見ると、光合成に使われない光がはね返される量、すなわち反射率が急激に高くなっているのが見えるはず。このように植物に光を当てたときに反射率が変わる現象は「レッドエッジ」と呼ばれ、バイオシグニチャーの候補になっています。

レッドエッジが現れる波長

光合成のシグナルには蛍光も

地球の植物は、光合成に使う青から赤までの可視光線を吸収し、波長700～750nmあたりを境に、光合成に使わない近赤外線を反射します。

光合成では、太陽光から吸収しなかった光が反射されるのに加え、蛍光や熱としても放出されます。近年はレッドエッジだけでなく、この蛍光もバイオシグニチャーとして注目されているんです。

4　宇宙生命体を探そう　69

宇宙で生まれた植物は、

生命の姿は恒星が放つ光しだいで変わるかも？

　恒星が放っている光にはさまざまな種類があります。太陽は「可視光」と呼ばれる、私たち人間の目にも見える光を強く放出しています。そのため、地球の植物の多くは可視光を使って光合成ができるように進化してきました。

　一方、バイオシグニチャー探しの最初のターゲットになる系外惑星は「赤外線」を多く放出している「赤色矮星」と呼ばれる種類の恒星の周りを回っています。ですから、最初に見つかるハビタブル惑星で生息している植物は、もしかすると赤外線を使って光合成をしているかもしれません。

　ただし、赤外線は水中の深くにまでは届きません。深い海の底で生まれた植物は、水中にも届く可視光を使って光合成をしているでしょう。だとすれば、その植物は地球の植物と似た姿をしているかもしれませんね。

赤外線で光合成をする植物がいたら……

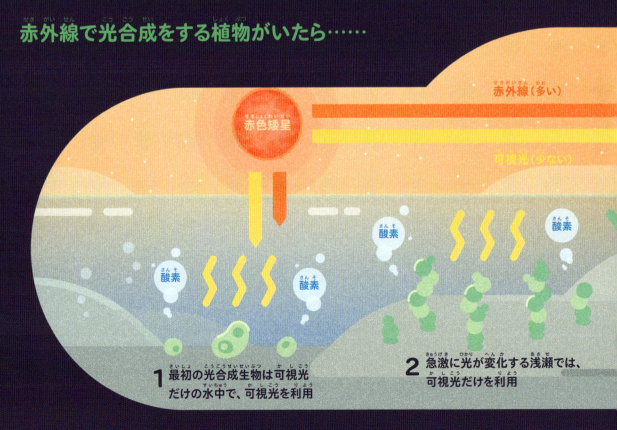

1 最初の光合成生物は可視光だけの水中で、可視光を利用

2 急激に光が変化する浅瀬では、可視光だけを利用

地球の植物と似ている?

森林や山での調査も

宇宙での観測データだけでなく、地球上の植物を観察してわかる情報も研究に役立てられます。研究者たちは、可視光以外の光が届きやすい森林や山などに行ってフィールドワーク調査を行い、さまざまな環境で生息する植物の光合成反応を調べながら、宇宙で生きる植物のあり方を研究しています。

実験室から野外に出て、光合成を測定している様子　画像提供／滝澤謙二

3 少ない可視光を利用する植物が最初に進化

4 安定した光環境では赤外線を利用可能に?

4 宇宙生命体を探そう　71

宇宙生命体を見つ
コミュニケーションを
地球外知的生命体に送っ

宇宙生命体へのメッセージ

ボイジャー2号
©NASA

ボイジャーの
ゴールデンレコードのジャケット
©NASA

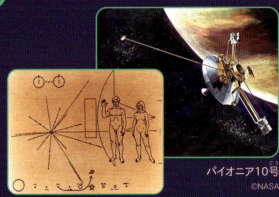

パイオニア10号
©NASA

1972年と73年に打ち上げられた探査機パイオニア10号と11号にも、地球外知的生命体へのメッセージを記した金属板が取り付けられた

©NASA

　NASAが1977年に打ち上げた、木星よりも遠くにある天体を調べるための探査機ボイジャー1号と2号には、いつか地球外知的生命体と出会うことを期待して、地球の情報を記したレコード盤「ゴールデンレコード」が載せられています。ゴールデンレコードに収録されているのは、風や波などの自然の音や動物の鳴き声、世界の音楽、55カ国語でのあいさつなど。ちなみに、日本語のあいさつは、「こんにちは、お元気ですか？」という女性の声が収録されています。宇宙のどこかで地球外知的生命体がゴールデンレコードを拾ったら、なにを思うのでしょうか。返事はくれるでしょうか。

けたら取る？たメッセージ

地球外知的生命体と仲よくなれる？

　私たちはまだ本当に存在しているのかどうかもわからない地球外知的生命体に対して友好的な印象を持っています。しかし、同じ地球上で暮らしていても、人類は国や民族間での争いを起こしてしまうくらいですから、地球外知的生命体と仲よくなれるとは限りません。争いばかり起こしている人間がいる地球になんてわざわざ行きたくはないといわれてしまう可能性だってあります。地球外知的生命体が地球に危害を及ぼすことがないかどうかも心配しなくてはならないかもしれません。

　将来的にバイオシグニチャーが見つかり、宇宙生命体の発見が現実味を帯びはじめたころには、地球外知的生命体とうまく関係を築いていくためにどうするべきなのか考えることも必要になるでしょう。

惑星を保護する

地球と惑星の環境を守る「惑星保護」

地球と惑星を守るには？

　惑星や衛星の探査が盛んになる中、問題になるのが環境汚染です。探査機が惑星や衛星に着陸したときに、その星の環境を汚してしまったり、あるいは探査機が地球に持ち帰ったカプセルやそれに入っている砂や岩に万が一有害な物質が含まれていたとしても、地球の自然環境や私たちの身体が危険にさらされないように、先回りしてルールを定めて、世界中で守っています。こうした活動を「惑星保護」（「プラネタリープロテクション」、あるいは「惑星検疫」）と呼びます。

　例えば、国際宇宙空間研究委員会が定めた「惑星保護方針」には、ロケットや探査機が天体に衝突してしまう確率や天体に着陸する探査機はどのくらい清潔にしておくべきかなどの基準が記されています。

コラム 惑星保護研究の最前線

こうした惑星保護の取り組みは日本でも行われています。JAXAの宇宙科学研究所学際科学研究系に勤務している科学者の木村駿太さんは、惑星保護の研究をしています。特に今は、地球から打ち上げる探査機にくっついてしまう微生物を少なくする方法を研究しているといいます。食品を扱う人たちや病院で働く人たちから微生物をやっつける技術や知恵を学ぶこともあるのだとか。

Q 惑星保護のどんなところが難しいですか？

国立研究開発法人
宇宙航空研究開発機構
宇宙科学研究所
学際科学研究系
木村駿太さん

難しい点はいくつかあります。例えば、探査機が持ち帰ってきた砂や岩が安全かを考えるとき、探査機が向かった先にいるかもしれない生命が、どんな姿をしていて、どういう性質をもっているのかまだ誰にもわかりません。真空や熱にさらされても死なない眠った状態の微生物や、宇宙空間の放射線にさらされても長期間生き残る微生物など。そんな未知の生命体が、探査機が持ち帰るカプセルに入り込み、生きたまま地球にやってくる可能性もあります。

その確率を計算し、もしカプセルに入り込んでも害がないようにするため、地上の生命のなかで最も強い微生物をモデルにして研究しています。

Q 実際に宇宙生命体がいるとしたら、どんな姿を想像しますか？

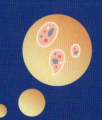

もし火星に生命がいたら、地下で眠る微生物のような存在ではないでしょうか。火星には昔、液体の水がたくさんあったと考えられており、そのころに生命が生まれていたかもしれません。微生物は眠ると、とても長い間生きられるので、そういった生命が火星の地下にわずかに眠っている可能性があると思います。

コラム 宇宙生命体に関連するお仕事

宇宙生命体を探すために、多くの人がかかわっています。今現在どんな仕事があるかを紹介しましょう。

プラネットハンター

望遠鏡の観測データを詳しく分析して、系外惑星を探しています。地球から近い小惑星や彗星はアマチュア天文家が発見することもありますが、系外惑星の発見にはプラネットハンターの腕が必要です。観察していた星が本物の惑星だと証明できたときはガッツポーズをきめるそうです。

装置開発エンジニア

望遠鏡に組み込む観測装置を開発しています。プラネットハンターたちと協力して、系外惑星やバイオシグニチャーを見つけるには、どんな機能が必要か考えながら開発します。ときには、海外まで望遠鏡に装置を取り付けに行くこともあります。

惑星保護研究者

惑星や衛星を探査するときにその星の環境を汚したり、探査先から持ち帰るカプセルで地球の人々を危険にさらしたりしないための技術を開発しています。宇宙生命体を探しているにもかかわらず、微生物を除去する技術を開発していることにはジレンマを感じているとか。

将来はこんなお仕事も生まれるかも

バイオシグニチャーが見つかり、宇宙生命体の発見される日が近づいてくると、地球生命と宇宙生命がともに暮らしていくために必要な新しい仕事も登場するかもしれません。

アストロ社会学者

もしも人間と宇宙生命体がコミュニケーションを取るようになったら、どんな問題が起きるのでしょうか？　宇宙生命体を極端に怖がる人が出てきたり、パニックが起きたりしたらどうすればいいのでしょう？　問題のメカニズムを解明して、解決策を探る研究を行います。

宇宙シェフ

宇宙飛行士が宇宙ステーションや月、火星で食べる宇宙食のメニューを考えたり、料理したりします。重力が小さい環境でも安全に食べられる宇宙食をつくるには、科学の知識も必要です。腕が認められれば、宇宙飛行士と一緒に宇宙に出張できるチャンスもあるかも。

宇宙建築家

地球人や将来出会うかもしれない宇宙生命体が健康で快適に過ごせる基地やロケット発射台を設計、建設します。その星にある水や砂などの資源、クレーターや洞窟などの地形をうまく使って、宇宙から降りそそぐ放射線や隕石から身体を守るアイディアも求められます。

おわりに

　どうでしたでしょうか。「宇宙生命体」について、何か具体的な生き物の姿を想像することはできましたか？ それとも、かえってどんな生き物がいるのか想像しづらくなりましたか？ アストロバイオロジーの研究をしていると、「宇宙生命を描いてください」と頼まれることがよくあります。そんなとき、多くの研究者は（本人の画力は別として）少し嫌な顔をします。なぜかというと、研究すればするほど、「どういう姿をしているか」を想像しづらくなるからです。

　どんな勉強もそうですが、理解が進むとその次の疑問が出てきます。「宇宙生命」と一言でいっても、「地球以外の生命の定義は？」とか、「そもそも『生きている』とは？」など、天文学者が遭遇したことのない疑問に直面することになります。「とある天文学者が偶然宇宙からのメッセージを受信した……」という物語はいくつかありますが、実際には大型の観測装置や、観測プロジェクトにかか

わる人たちが大勢います。何が生命に起因するものかを考えるには生物学者の協力が必要です。宇宙探査から地球に戻るときには、地球にとって危険なものを持ち込まないために、滅菌するための技術開発の研究者も必要です。

　つまり、星好きでも生き物好きでも、ロボット好きでもその「好き」を突き詰めていくと宇宙生命につながることができます。これに限らず、「好き」を突き詰めると新たな発見が待っています。あなたの「好き」はなんですか？ ぜひみんなの「好き」を突き詰めて、「好きの向こう側」を見に行ってください。

自然科学研究機構
アストロバイオロジーセンター特任専門員
日下部展彦

井上榛香（著者）

宇宙開発や宇宙ビジネスを専門に取材・執筆活動を行うフリーライター。小惑星探査機「はやぶさ」の活躍を知り、宇宙開発に関心を持つ。学生時代は、留学先のウクライナ・キーウで国際法を学んだ。共著に『from under 30 世界を平和にする第一歩』（河出書房新社）。

日下部展彦（監修）

自然科学研究機構アストロバイオロジーセンター特任専門員（国立天文台 併任）。専門は星・惑星形成、系外惑星、アストロバイオロジー、科学コミュニケーション。著書に『一家に1枚 宇宙図』（共著、科学技術広報財団、2007、2013、2018、2024）、『太陽系図』（共著、科学技術広報財団、2014）、『宇宙図 宇宙が生まれてからあなたが生まれるまで』（共著、宝島社、2018）、『新説 宇宙生命学』（KANZEN、2021）などがある。

カバーデザイン	熊谷昭典（SPAIS）
本文デザイン	清水真実（direction Q）
イラスト	noa1008
校正	佑文社
協力	宇宙航空研究開発機構（JAXA）

子供の科学サイエンスブックスNEXT
地球以外にも生き物はいる!?
探そう! 宇宙生命体

2025年1月15日　発行　　　　　　　　　　　　　　　　　　　　　　　　　NDC　440

著　　　者	井上榛香
監　修　者	日下部展彦
発　行　者	小川雄一
発　行　所	株式会社 誠文堂新光社
	〒113-0033 東京都文京区本郷3-3-11
	https://www.seibundo-shinkosha.net/
印刷・製本	TOPPAN クロレ 株式会社

©Haruka Inoue. 2025　　　　　　　　　　　　　　　　　　　　　　　Printed in Japan

本書掲載記事の無断転用を禁じます。

落丁本・乱丁本の場合はお取り替えいたします。

本書の内容に関するお問い合わせは、小社ホームページのお問い合わせフォームをご利用ください。

JCOPY 〈（一社）出版者著作権管理機構　委託出版物〉

本書を無断で複製複写（コピー）することは、著作権法上での例外を除き、禁じられています。本書をコピーされる場合は、そのつど事前に、（一社）出版者著作権管理機構（電話 03-5244-5088／FAX 03-5244-5089／e-mail：info@jcopy.or.jp）の許諾を得てください。

ISBN978-4-416-52473-2